»Boy2Girl« im Unterricht

Inhaltsangabe

U.1

Matt Burtons beschauliches Leben in London wird erschüttert, als seine Eltern in den Sommerferien den Cousin Sam aus den USA bei sich aufnehmen. Sams Mutter ist bei einem Autounfall ums Leben gekommen, und sein Vater, von dem sich Sams Mutter vor ca. acht Jahren getrennt hat, sitzt im Knast. Sam ist 13, wie Matt, aber großmäulig und äußerst anstrengend. Weil Sam sich mit einem Kumpel aus Matts »Bunkerbande« anlegt, schließen sie ihn aus der Bande aus. Als Mutprobe muss er die erste Schulwoche als Mädchen verbringen. Nebenbei wollen die Jungs damit an Geheimnisse ihrer Intimfeindinnen, der »Zicken«, kommen. Sam zögert erst, willigt aber dann ein.

Entsetzt stellen die Jungs aber im Laufe der Woche fest, dass Sam die Mutprobe nicht nur annimmt, sondern sie mit Bravour zu bestehen scheint. Er bringt die traditionellen Verhaltensweisen von Mädchen und Jungen an der Bradbury-Hill-Schule gehörig durcheinander: Mädchen verwandeln sich zu selbstbewussten Vamps, Jungs fangen an, über ihre Gefühle und Probleme zu reden. Sam bandelt mit dem größten Weiberhelden der Schule an und düpiert Rektorin und Lehrer. Und schließlich verliebt sich Zia, eine der Zicken, in Sam. Alles in allem erfährt er als Mädchen endlich, was Erfolg und Popularität ist. All das kannte er nicht aus seinem Jungenleben.

Zu allem Unglück taucht auch noch Sams krimineller Vater Crash Lopez in London auf. Auch er hat erfahren, dass Sam ein Vermögen erbt. Familie Burton beschließt, dass Sam erst einmal die Mädchenrolle weiterspielen soll, bis der durchgeknallte Vater wieder die Segel gestrichen hat.

Doch Sams Vater hat seinen Sohn längst ausfindig gemacht. Jetzt spürt Sam, dass er vor seiner Vergangenheit und seinen Problemen nicht mehr fliehen kann. Bei der alljährlichen Talentshow der Schule, als Sam mit drei Mädchen einen außergewöhnlichen Gesangsauftritt mit Zias Songs hinlegt und seinen Vater im Publikum sieht, gibt sich Sam als Junge zu erkennen. Panisch will Crash Lopez seinen Jungen sofort mitnehmen. Im Beisein der Rektorin kommt es aber zu Sams Abrechnung mit seinem Vater. Crash hatte ihn damals oft zu seinen kriminellen Aktionen mitgenommen, um Passanten und Polizei abzulenken. Am Ende weiß Sam, dass er bei den Burtons bleiben möchte. Er hat es durch den Rollentausch geschafft, zu sich selbst zu finden.

Terence Blacker erzählt die äußerst witzige und doch tiefgründige Story aus der wechselnden Perspektive der einzelnen Figuren, was den Lesegenuss noch steigert. Jede Figur entwickelt ihre eigene Sicht auf das Geschehen, was auch stilistisch meisterhaft dargestellt ist.

U.2

Didaktisches Profil des Romans

Das didaktische Potenzial des Romans als Unterrichtslektüre liegt in der Verknüpfung von vertrauten, assimilativen und eher neuen, akkomodativen Aspekten.* Vertraute Charakteristika des Textes sorgen dafür, dass die Schüler/innen von sich aus einen Zugang zum Text finden können und dass Anknüpfungsmöglichkeiten für eine eigene Textdeutung vorhanden sind (Assimilation). Dieser Aspekt betrifft das lesefördernde Potenzial. Neue, zusätzliche Anforderungen, die der Text an ein Verstehen der Schüler/innen stellt, betreffen eher den Bereich des literarischen Lernens. Im Überblick lässt sich das didaktische Profil von »Boy2Girl« folgendermaßen skizzieren.

* Vgl. Rank, Bernhard (2005): Leseförderung und literarisches Lernen. In: Lernchancen, 8. Jg., Heft 44, S. 4–9.

Dimension des Textes	Das Vertraute: Möglichkeit zur Assimilation (Leseförderung)	Das Neue: Notwendigkeit zur Akkomodation (literarisches Lernen)
Wirklichkeitsbezug	Erzählte Welt ist größtenteils uniregional	Fiktionale Geschichte mit realer Grundidee
Thematik	Geschlechterrollen Freundschaft Erwachsenwerden/Pubertät Familie	Konstruktion und soziale Bedingtheit von Geschlechterrollen Zerrüttete Familienstrukturen Kriminelles Milieu Angloamerikanisches Schulsystem
Figuren	Identifikation mit Matthew als zentralem Sympathieträger Identifikation mit Nebenfiguren, z. B. Tyrone, Zia, Charley	Identifikation mit Sam Geschlechterrollenuntypische Figuren: Mrs Cartwright, Mrs Burton, Mr Burton Identifikation mit erwachsenen Figuren
Sprache/Stil	Konzeptionelle Mündlichkeit Jugendlicher Wortschatz und Sprachstil Dialogische Anteile	Zahlreiche Stilvarianten Symbolik Innere Handlung/Innensicht der Figuren Innere Monologe
Literarische Formelemente/ Erzählkonzept	Tagebuchform Lineares Erzählen	Multiperspektivisches Erzählen Hauptfigur Sam als Reflektorfigur und Vakuum Fehlende Kapitelüberschriften

Insgesamt lässt sich damit eine gelungene Mischung aus leseförderndem Potenzial und Notwendigkeiten zur »Akkomodation« bestehender Verstehensschemata ausmachen. Besonders geeignet scheint »Boy2Girl« dabei für die Klassenstufen 6 bis 8. Aufgrund des Genres, des Umfangs, der Thematik und der Sprache des Buches erscheint es angebracht, den vorliegenden Unterrichtsvorschlag in allen Schularten der Sekundarstufe I zu verorten.

Literarisches Profil des Romans

»Boy2Girl« erzählt eine Zeitspanne von gut zwei Monaten im Leben einiger Schüler und deren Eltern der Bradbury-Hill-Schule in London. Bis zur Seite 50 wird der Beginn der Sommerferien geschildert, ab Seite 50 das Ende der Sommerferien und die ersten zwei Wochen des neuen Schuljahres.

Der Roman ist in 19 ähnlich lange Kapitel ohne Überschriften untergliedert. Die Handlung wird wechselweise aus der Ich-Perspektive der Beteiligten geschildert. Die Erzählabschnitte sind relativ kurz, die längsten gehen über zwei bis drei Seiten, viele sind ca. eine Seite lang.

Themen und Figurenkonstellation

In »Boy2Girl« spielen mehrere Themen eine große Rolle. Im Zentrum steht die Entwicklung Sams von einem eher präpubertären, lustbetonten, »animalischen« (S. 7) Jungen hin zu einem jungen Menschen, der Verantwortung für sein Leben übernimmt, indem er selbst bestimmt, wo und wie er leben möchte. Insofern ist der Roman als Adoleszenzroman zu klassifizieren. Der Tod seiner Mutter und die dadurch verursachten Veränderungen in seinem Leben sind Initialzündung zur Reifung. Der Rollentausch fungiert in diesem literarisch verdichteten Prozess als Katalysator. Indem Sam in die Mädchenrolle schlüpft und damit eher feminine Verhaltensweisen kennen- und schätzen lernt (z. B. S. 49, 145–148), kann er sich aus seinem eigenen Rollenmuster als harter, gefühlskalter, gewalttätiger Junge lösen und von seinem gewaltbestimmten Vater befreien.

Darüber hinaus sind die *Geschlechterrollen* ein dominantes Thema des Romans. Immer wieder schwingt die Frage mit, wie bzw. was Mädchen und Jungen, Frauen und Männer sind bzw. sein sollen. Auffällig ist, dass Terence Blacker alle wichtigen Figuren stark genderspezifisch konstruiert hat:

- weibliche Figuren mit typisch weiblichen Charakterzügen: Elena, Ottoleen, Zia, Mrs Sherman (Tyrones Mutter)
- weibliche Figuren mit untypisch weiblichen Charakterzügen: Mrs Burton, Mrs Cartwright, Mrs Burton
- männliche Figuren mit typisch männlichen Charakterzügen: Crash Lopez, Mark Kramer, Gary Laird, Jake, Mr Smiley (Vater von Jake)
- männliche Figuren mit untypisch männlichen Charakterzügen: Mr Burton.

Als zentrale, eher androgyn konzipierte Erzählerfigur fungiert Matthew: Er vereinigt starke weibliche (Empathie, Duldsamkeit, Ablehnung von Gewalt, am Ende weint er fast) und starke männliche Charakterzüge (Aktivität, Entscheidungsfreude).

Bei einigen Figuren lassen sich im Verlauf des Romans Entwicklungen feststellen: Jake lernt durch die Gespräche mit Sam, seine eigenen Gefühle und seine Sehnsucht zu seinem Vater zuzulassen. Mr Burton lernt in der Auseinandersetzung mit Crash, für seine Ziele mit allen Mitteln zu kämpfen (S. 270). Und auch Matthew reift im Laufe des Romans zusehends – besonders deutlich wird dies, als er seinem Vater Paroli bietet, der das Problem von Sam lediglich unter den Erwachsenen klären will (S. 157).

Das Geschlechtertausch-Thema, das in Blackers Roman im Mittelpunkt steht, hat Bezüge zu zahlreichen literarischen und filmischen Vorlagen, so z. B. zu Texten von Plato (»Gastmahl«), Grimmelshausen (Simplicissimus Teutsch), Christa Wolf (»Selbstversuch«) oder zu den Filmen »Charlys Tante« (mit

Peter Alexander und Heinz Rühmann), »Some like it hot« (mit Marilyn Monroe), »Tootsie« (mit Dustin Hoffman) oder »Mrs Doubtfire« (mit Robin Williams). Erstaunlicherweise ist der Roman aus einer Filmidee zu einer Tootsie-Adaption mit jugendlichen Figuren entstanden (vgl. **i.3**).

Neben diesen Themen geht es um das Verhältnis zwischen Eltern und ihren pubertierenden Kindern, Freund- und Liebschaften zwischen Jugendlichen, Schule sowie Gewalt und Aggression.

Erzähltechnik und Stil

Außergewöhnlich ist »Boy2Girl« auch wegen seiner ausgefallenen Erzähltechnik: Das Geschehen wird durchgängig aus der Sicht der Beteiligten erzählt. Die relativ kurzen Takes (die längsten gehen über zwei bis drei Seiten, viele sind ca. eine Seite lang) machen das Lesevergnügen sehr abwechslungsreich, denn jede Figur hat ihren unverwechselbaren Sprachstil, durch den die Figur selbst Kontur und Charakter erhält.

Erstaunlich ist, dass Terence Blacker nahezu alle Figuren zu Wort kommen lässt, nur Sam selbst nicht (vgl. Interview **i.3**).

Auffällig ist darüber hinaus die konzeptionelle Mündlichkeit des Textes. Die Figuren erzählen das Geschehene im Präteritum, so als ob sie nach dem Ende der Romanhandlung von einem Reporter dazu befragt worden wären. Dieser mündliche Stil zeigt sich unter anderem auch in vielen Bindestrich-Ausdrücken vieler Figuren (u. a. S. 7, 13, 86, 88, 134, 139, 143, 180, 181, 183, 256).

Durchtränkt ist der Roman von zahlreichen witzigen bzw. humorvollen Stellen. Diese resultieren zum einen Teil aus dem Geschlechtswechsel von Sam, so z. B.

- als Sam Gary verprügelt (S. 79) oder beim Fußball für Randale sorgt (S. 210–212),
- als Mark sich wiederholt an ihn ranschmeißt (S. 110/111, 136–138, 166–168, 193),
- als Elena Sam als neue Freundin ins Auge fasst (S. 66) und ihm ihren BH leiht (S. 95),
- als Miss Wheeler-Carrington auf dem Spielplatz bei der Verkleidungsaktion immer eine Belästigung vermutet (S. 57, 102),
- als Sam mit dem Gespräch über Menstruation überfordert ist (S. 87/88)
- oder als Sams Vater ihm gegenüber steht (S. 173) bzw. in der Zeitung sieht (S. 223), aber ihn in beiden Fällen nicht erkennt.

Darüber hinaus finden sich aber auch viele witzige Stellen, die teilweise einen Slapstick-Charakter aufweisen, z. B. als Crash ein Auto leiht (S. 138–141).

Metaphern und Symbolik

Im Roman finden sich einige Textaspekte, die man auch metaphorisch bzw. symbolisch deuten kann:

- Der Name der Jungengruppe, »Bunkerbande«, ist das Sinnbild für eine Männlichkeit, die sich der Welt verschließt, in sich zurückzieht, nicht über Gefühle spricht. Insofern ist es textlogisch, wenn die Bunkerbande, auch in Antagonismus zu den (eine traditionelle Weiblichkeit anzeigenden) Zicken, sich am Ende praktisch auflöst.
- Sam ist genauso gefährlich und aggressiv wie sein Sternzeichen, Skorpion (S. 179).
- Crash ruft bei der Schule unter falschem Namen (Mr Stevenson) an und nennt auch einen falschen Kindsnamen (Angelo = Engel), was durchaus ironisch zu verstehen ist.
- Eine zusätzliche Bedeutungsschicht erschließt sich durch die Doors-Titel, die im Text eingestreut sind. Sie ziehen sich motivartig durch den Text, so z. B. bei dem Quasi-Vorwort des Autors am Anfang (S. 5) und beim Nachwort (S. 280/281). Bei den Annäherungen von Zia und Sam (S. 132) sind die Titel wie Mottos des gesamten Romans: »People are strange« oder »Light my fire«.
- Auch Zias selbst geschriebene Songs lassen sich übertragen deuten: Auf Seite 177/178 liest sich Zias Eigenkomposition wie eine Charakteristik von Sam.

Spannungsbögen

Der Text lebt vor allem von einem Spannungsbogen: Sams Geschlechtertausch und der Frage, wann und wie die anderen, vor allem das Ehepaar Burton, Sams

Vater, die Zicken sowie Lehrer und Rektorin von diesem Geheimnis erfahren und welche Komplikationen sich daran anschließen. Zur Spannungssteigerung trägt auch bei, dass sich der Kreis derjenigen, die von Sams Rollentausch wissen, nur langsam erweitert: Zuerst sind nur die Jungs der Bunkerbande eingeweiht, im 12. Kapitel erfahren es Matts Eltern, erst im 17. Kapitel erfährt Zia davon, im 18. Kapitel die anderen beiden Mädchen und erst zum Schluss wird der Rollentausch für alle, vor allem für Sams Vater, offenbar. Diese Aufdeckungsszenen sind auch zugleich Höhepunkte des Romans.

Der zweite Spannungsbogen speist sich aus der Suche von Sams Vater nach seinem Sohn. Beide Bögen werden am Ende bei der Talentshow kunstvoll zusammengeführt.

Auch die Nebenhandlungsstränge versprechen spannendes Lesevergnügen:

- Wird Mark Kramer mit Sam ausgehen? Wird er dabei Sams wahre Identität lüften?
- Wird der Krieg zwischen Bunkerbande und Zicken weitergehen? Oder wer wird den ersten Schritt zur Befriedigung des Streits machen?
- Wird Tyrone eine Freundin bekommen?
- Wird Jake sich mit seinem Vater aussprechen?
- Wird Zia ihre Zuneigung zu Sam aufrechterhalten, auch wenn er ein Junge ist?
- Wie erfährt Crash von Ottoleens Schwangerschaft? Wie wird ihre Beziehung weitergehen?

Zahlreiche offene und versteckte Andeutungen v. a. von Matthew bauen Spannung auf:

- Auf Seite 7 nimmt Matthew als Haupterzähler Sams Rollentausch und einige Highlights in der Mädchenrolle vorweg.
- Auf Seite 27 deutet er die Prügelei in Bills Imbiss an.
- Auf Seite 101 deutet er an, dass Sam den Rollentausch zunehmend ernster nimmt.
- Auf Seite 164 wird Crashs »Besuch« bei den Burtons angedeutet.
- Auf Seite 210 deutet Mark an, dass der Besuch von Sam und ihm im Fußballstadion alles andere als normal verläuft.
- Matthew nimmt vorweg, dass die Talentshow schlimm verläuft (S. 251) und Sam sich selbst enttarnt (S. 265).

Deutungsperspektiven

U.4

Terence Blackers Roman lässt mehrere Deutungen zu. Zum einen ist »Boy2Girl« ein Plädoyer für die Variabilität von Geschlechterrollen. Auffällig ist, dass diejenigen Figuren, die starr in ihrem Geschlechterrollen verharren (v. a. Elena, Crash, Ottoleen), schlecht wegkommen bzw. von den Ereignissen überrollt werden, während diejenigen Figuren, die variabler in ihrem Rollenverständnis sind, den Gang der Handlung bestimmen (Sam, Matthew, Mrs Burton, Mr Burton, am Ende auch Mrs Cartwright).

Darüber hinaus macht das Buch deutlich, dass Aggression und Gewalt dort entstehen, wo emotionale Grundbedürfnisse nicht befriedigt werden. Sam ist aggressiv und gewalttätig, weil er wütend und traurig ist, weil sein Vater ihn benutzt und dann im Stich gelassen hat. Er kann Nähe nur schwer zulassen (vgl. Matthews Vermutung auf S. 11). Blacker schildert diesen Teufelskreis an einer der dichtesten und beeindruckendsten Szenen des Romans, als Sam nämlich versucht, Zia mit seiner eigenen Lebensgeschichte zu trösten (S. 145–147), wodurch ihm selbst Vieles klar wird. Insofern macht der Roman sensibel dafür, dass jeder Mensch geliebt und geachtet werden will.

Schließlich verdeutlicht das Buch, wie andere Bücher von Terence Blacker, den Eigenwert von Jugend und die Eigenwelt von Jugendlichen. Durch das Eindringen von Sam in das vermeintlich geordnete Leben der Jugendlichen und Erwachsenen (Zicken gegen Bunkerbande; Lehrer gegen Schüler) wird Festgefügtes auf die Probe gestellt, und Veränderungen hin zu mehr Offenheit und Menschlichkeit wird der Weg gebahnt.

u.5

Methodenkiste

Im Folgenden machen wir Vorschläge für mögliche Arbeitsweisen mit »Boy2Girl« im Unterricht und verbinden sie mit anzustrebenden Kompetenzen im Deutschunterricht. Dabei beziehen wir uns auf die von der Kultusministerkonferenz (KMK) inzwischen verabschiedeten »Bildungsstandards für das Fach Deutsch für den Mittleren Bildungsabschluss«*, die die verbindliche Grundlage für alle in den Ländern zu entwickelnden Lehr- und Bildungspläne in der Sekundarstufe I darstellen.

In der rechten Spalte geben wir jeweils mögliche Beispiele für eine konkrete Umsetzung im Unterricht. Hier finden sich auch Verweise zu den Kopiervorlagen in diesem Heft. Zahlreiche methodische Möglichkeiten sprechen mehrere Bildungsstandards an. Wir haben uns zum Zwecke der Übersichtlichkeit jeweils für einen Bildungsstandard des Bereiches 3.3 (»Lesen – mit Texten und Medien umgehen«) entschieden. Häufig lassen sich auch evidente Bezüge zu den Bildungsstandards der anderen Bereiche herstellen.

Darüber hinaus stehen die methodischen Möglichkeiten in Verbindung mit einem fächerübergreifenden Ansatz (v.a. mit Biologie, Religion, Ethik, Arbeitslehre, Erdkunde oder Bildender Kunst), den Sie je nach Klassensituation, Vorwissen und Interessen der Schüler/innen modifizieren können.

* Sekretariat der ständigen Konferenz der Kultusminister der Länder in der Bundesrepublik Deutschland (KMK) (2003): Bildungsstandards im Fach Deutsch für den Mittleren Schulabschluss. www.kmk.org/schul/Bildungsstandards/Deutsch_MSA_BS_04-12-03.pdf (Abruf 22.11.2006).

Bildungsstandards	Methoden	Beispiele
→ Verschiedene Lesetechniken beherrschen		
Über grundlegende Lesefertigkeiten verfügen: flüssig, sinnbezogen, überfliegend, selektiv, navigierend lesen	Ein Kapitel bzw. eine besonders wichtige, lustige oder spannende Stelle vorlesen Die Auswahl individuell begründen	Textstellen nach Wahl
	Einen Textteil mit verteilten Rollen lesen	Zoff in Bills Imbiss (S. 27–30) → **k.3**
	Bestimmte Textinhalte auffinden	Äußerungen und Gedanken der Figuren in Kap. 2 → **k.3** Mit dem Zeilometer arbeiten → **k.1**
	Ein den Text erschließendes Unterrichtsgespräch anhand von Leitfragen führen	Warum entschließt sich Sam doch, sich in ein Mädchen zu verwandeln? (Kap. 4)
	Ein Kapitel oder einen Textabschnitt gestaltend vorlesen und auf Kassette aufnehmen	Sam besiegt Gary (S. 78–81) Sam und Mark beim Fußball (S. 210–216)
→ Strategien zum Leseverstehen kennen und anwenden		
Leseerwartungen und -erfahrungen bewusst nutzen	Ein Mindmap/Cluster mit Assoziationen erstellen (Impulse durch Titel, Umschlagbild, Klappentext, Autor); damit einhergehend eine Leseerwartung aufbauen, Vorwissen aktivieren; ein Lesemotiv formulieren	Mädchen/Jungen Eine Woche im anderen Geschlecht – würdest du das gerne mal ausprobieren?

Bildungsstandards	Methoden	Beispiele
	Bezüge zur eigenen Lebenswirklichkeit herstellen	Typisch Mädchen – typisch Junge!? Was heißt das für uns? Wie werden in unserer Familie Probleme geklärt? Rituale in unserer Schule (Schulversammlung, Vorstellungsrunde, Talentshow)
Textschemata erfassen, z. B. Textsorte, Aufbau des Textes	Die Erzählkonstruktion analysieren	Wer erzählt gerade? (Kap. 2) → **k.3** Ich-Erzählung von Sam (Kap. 5) → **k.4**
Verfahren zur Textstrukturierung kennen und selbstständig anwenden	Wesentliche Textstellen kennzeichnen	Kap. 5 → **k.4**
	Den Text gliedern	Sam ist draußen (Kap. 3) Fußball-Randale (S. 210–216) → **k.9**
	Kapitelüberschriften formulieren, austauschen und diskutieren	Sam als Mädchen (S. 44–49) Fußball-Randale (S. 210–216) → **k.9** Überschriften zu einzelnen/allen Kapiteln verfassen → **k.12**
	Fragen aus dem Text ableiten	Warum verhält sich Sam zuerst so abweisend und unfreundlich?
	Bezüge zwischen Textteilen herstellen	Aggressivität und Gewalt in Sams Leben → **k.9** Zias Gefühlsbarometer → **k.10**
Verfahren zur Textaufnahme kennen und nutzen	Texte und Textabschnitte stichwortartig zusammenfassen	Fußball-Randale (Kap. 16) → **k.9** Sams erster Schultag (Kap. 5–7)
	Eine Inhaltsangabe mithilfe von Satzstreifen erstellen	Matthews Plan (Kap. 12) Sams erster Schultag (Kap. 6) → **k.5**
	Einen Handlungsstrang mit eigenen Worten beschreiben	Zias und Sams Annäherung (Kap. 10–19) Crashs und Ottoleens Suche nach Sam (Kap. 7–19)
	Eine wichtige Textstelle visualisieren	Sam, der Neue (Kap. 1) → **k.2** Sam als Mädchen (Kap. 4)
	Zu vorgegeben Antworten Fragen verfassen	Das neue Familienmitglied (Kap. 1) → **k.2** Prügelei und das falsche Klo (Kap. 6)
	Fragen zum Text beantworten	Zoff in Bills Imbiss (Kap. 2) → **k.3** Matts neue Freundin (Kap. 9) → **k.6**
	Aussagen erklären und konkretisieren	Die Burtons erfahren die Wahrheit (Kap. 12) → **k.7** Bartwuchs und Stimmbruch (Kap. 14)
	Stichwörter formulieren und damit ein Kapitel nacherzählen	Was verändert sich für die Burtons durch Sams Ankunft? (Kap. 1) → **k.2** Crash in London (Kap. 10)

→ Literarische Texte verstehen und nutzen

Bildungsstandards	Methoden	Beispiele
Ein Spektrum altersangemessener Werke – auch Jugendliteratur – bedeutender Autorinnen und Autoren kennen	Leben und Werk des Autors kennenlernen und mit ihm in Kontakt treten	Infos zum Autor über www.wikipedia.org Briefe (bitte gesammelt) über den Verlag Beltz & Gelberg, Postfach 10 01 54, 69441 Weinheim

Bildungsstandards	Methoden	Beispiele
Zentrale Inhalte erschließen	Ein Unterrichtsgespräch zum Text anhand von Leitfragen führen	Warum ist Sam so aggressiv und gewalttätig? → **k.9**
	Einsatz anderer Medien/inhaltlich entsprechend orientierter Zusatztexte zur Erarbeitung der Romanthemen	Typisch Mädchen – typisch Junge!? → **i. 6** Adoptivfamilien Jugendgewalt
Wesentliche Elemente eines Textes erfassen, z. B. Figuren, Raum- und Zeitdarstellung, Konfliktverlauf	Den zeitlichen Verlauf des Romans erarbeiten und darstellen	Kapitelübersicht → **i.4, k.12**
	Eine Figurenkonstellation/ein Soziogramm erarbeiten	→ **i.5**
	Die Beziehung zwischen Figuren herausarbeiten	Figurenkonstellation → **i.5** Zia und Sam; Zias Gefühlsbarometer → **k.10**
	Figuren charakterisieren; relevante Textstellen mithilfe der Kapitelübersicht auffinden → **i.4**	Sam (Kap. 1) → **k.2** Elena Crash Mrs Cartwright Mr Burton
	Handlungsräume analysieren, auch hinsichtlich der Symbolik	Bunkerbande (Kap. 1) → **k.2**
	Ein Thema bzw. Motiv über den ganzen Roman hinweg verfolgen	Aggression und Gewalt in Sams Leben → **k.9** Mrs Cartwrights Führungsstil Matthew wird erwachsener und reifer
	Den Konfliktverlauf zwischen Figuren grafisch bzw. verbal darstellen	Der Zoff zwischen Sam und Jake in Bills Imbiss (Kap. 2) → **k.3**
Wesentliche Fachbegriffe zur Erschließung von Literatur kennen und anwenden	Die Erzählkonstruktion in Form einer Grafik/Tabelle darstellen	Wer erzählt jeweils die Geschichte? Wo finden sich Rückblenden?
	Die Erzählperspektive wechseln: eine Textstelle aus anderer Perspektive (z. B. aus der Ich-Perspektive) erzählen	Sams erster Schultag aus Sams Perspektive (Kap. 5) → **k.4** Crashs »Besuch« bei den Burtons aus Matthews Perspektive (Kap. 13) → **k.8**
	Äußere und innere Handlung unterscheiden	Sams Ankunft (Kap. 1) Zickenkrieg (Kap. 11)
	Leerstellen des Romans füllen	Die Beerdigung von Gail (Kap. 1) Mrs Cartwright im Gespräch mit Mark Kramer (Kap. 17) Gespräch im Klassenzimmer (Kap. 18)
	Einen inneren Monolog einer Figur verfassen	Elena erfährt, dass Sam ein Mädchen ist (Kap. 18)
Sprachliche Gestaltungsmittel in ihren Wirkungszusammenhängen und in ihrer historischen Bedingtheit erkennen, z. B. Wort-, Satz- und Gedankenfiguren, Bildsprache (Metaphern)	Die Figurennamen unter die Lupe nehmen	Crash, Mrs Cartwright
	Sprachliche Bilder/Metaphern und mögliche Symbole im Text erkennen, ihre Bedeutung verstehen und über ihre Leistungen diskutieren	»Bunkerbande« = Jugendliche, die sich vor der Welt verschanzen → **k.2** Sams Sternzeichen: Skorpion
	Redeformen (Figurenrede, Erzählerrede) identifizieren	Wer spricht? → **k.2, k.3** Figurenrede unterstreichen (Kap. 2) → **k.3**

Bildungsstandards	Methoden	Beispiele
	Stilaspekte untersuchen	Witzige Textstellen (Kap. 6/7) → **k.5** Unterschiedliche Sprachstile der Erzähler-Figuren → **k.9**
Eigene Deutungen des Textes entwickeln, am Text belegen und sich mit anderen darüber verständigen	Eine kontroverse Diskussion zu bestimmten Aspekten oder Figuren führen	Sollten die Burtons Sam weiter vor seinem Vater verstecken? (Kap. 13) → **k.8** Verhält sich Sam zu Anfang des Romans gegenüber den Burtons undankbar? Ist Matthews Plan eine gute Idee?
	Mittels Alter-Ego-Technik die möglichen Gedanken von Figuren darstellen	Zia und Sam (Kap. 10) Mrs Cartwright und Sam (Kap. 17)
	Den Spannungs- bzw. Stimmungsbogen des Romans/eines Kapitels grafisch darstellen	Spannungskurve zur Fußball-Randale (Kap. 16)
Analytische Methoden anwenden	Den Inhalt eines Textabschnitts rekonstruieren und wiedergeben	Matthew und Sam werden von Mrs Burton gesehen (Kap. 9)
	Den antizipierten und realen Handlungsverlauf vergleichen	Sams Date mit Mark (Kap. 16) Die Talentshow (Kap. 19)
	Untersuchen, wie im Text Spannung erzeugt wird	Crashs Besuch (Kap. 13)
	Ein Kapitel mit einem subjektiven »Untertext« versehen	Sam sieht seinen Vater (Kap. 11) → **k.6**
	Handlungsmotive einer Figur herausarbeiten	Warum will Crash seinen Sohn finden? Wie ist der Führungsstil von Mrs Cartwright?
	Textstellen interpretieren und mit eigenen Worten erklären	Sam erzählt von seinem Vater (Kap. 12) → **k.7**
	Den thematischen Hintergrund des Romans erhellen	Typisch Mädchen – typisch Junge!? Jugendgewalt und Aggression
	Eine gemeinsame Reflexion der Lektüre durchführen	Eventuell Leitfragen vorgeben
Produktive Methoden anwenden	Ein eigenes Lesetagebuch zum Roman führen	Individuelle Einträge Während bzw. nach der Lektüre eigenes Cover gestalten
	Eine Fotostory bzw. einen Comic zu einem Kapitel des Romans erstellen	Sams Ankunft (Kap. 1) Sams Enttarnung (Kap. 19) → **k.11**
	Einen Steckbrief zu einer Figur erstellen	Sam Mr Burton Matthew Crash Mark
	Ein fiktives Interview mit einer Hauptfigur führen	Interview mit Sam bzw. Mark Kramer (Kap. 16) → **k.9** Interview mit der Hauptfigur → **k.12**
	Einen fiktiven Dialog zwischen Romanfiguren verfassen	Matthew erzählt Sam, was er weiß (Kap. 12) → **k.7**
	Gedanken und Gefühle der Figuren imaginieren	Der erste Schultag: Sams Erscheinen in der Schulversammlung (Kap. 5) → **k.4**

Bildungsstandards	Methoden	Beispiele
Produktive Methoden anwenden (Forts.)	Den Roman weiterdenken und -schreiben	Wie könnte die Liebesgeschichte mit Zia und Sam weitergehen? Elena verliebt sich in Matthew
	Eine Textstelle weiterschreiben	Gespräch zwischen den Jungs nach der Prügelei in Bills Imbiss (Kap. 2) Crash und Ottoleen sprechen über Ottoleens Kinderwunsch (Kap. 15)
	Eine angedeutete Textstelle ausformulieren	Matthew bzw. Sam erfahren, dass Crash auf der Suche nach Sam ist (Kap. 12) → **k.7**
	Eine Textstelle umschreiben	Crash erkennt seinen Sohn im Zimmer der Burtons (Kap. 13) Mark wird zudringlich (Kap. 16)
	Standszenen prägnanter Szenen darstellen und erraten lassen	In Bills Imbiss (Kap. 2) → **k.3** Sam und Zia im Gespräch (Kap. 11) Mrs Burton sieht ihren Sohn mit »Simone« (Kap. 9) Fußball-Randale (Kap. 16)
	Einen Brief einer Figur an eine andere Figur verfassen	Zia an Sam nach ihrem Gespräch (Kap. 11) Sam an Crash am Ende des Romans (Kap. 19) Elena an Sam (Kap. 7)
	Einen Brief an eine Figur verfassen	An Mr Burton (Kap. 1) An Sam nach der Fußball-Randale (Kap. 16) An Jake (am Ende)
	Ein Kapitel in einen Tagebucheintrag umschreiben	Zia (Kap. 11) Sam: Das Wiedersehen (Kap. 11) → **k.6** Mrs Burton: Crashs Besuch (Kap. 13) Sam: Die Schulversammlung (Kap. 5)
	Eine Reportage bzw. einen Zeitungsbericht über eine Textstelle verfassen	Fußball-Randale (Kap. 16) Die Schulversammlung (Kap. 5) Die Talentshow (Kap. 19)
	Ein literarisches Rollenspiel z. B. zu einer Szene durchführen	Zoff in Bills Imbiss (Kap. 2) Die Schulversammlung (Kap. 5) Sam sieht seinen Vater (Kap. 11) Mark versucht, Sam zu daten (Kap. 13) Crashs Besuch (Kap. 13) → **k.8**
	Einen Handlungsort malen, zeichnen oder nachbauen	Bunker Fußball-Randale Schulversammlung Bills Imbiss
	Eine thematische Aktion durchführen	Typisch Mädchen – typisch Junge!? Eine Schüler- und Eltern-Umfrage Pubertät: Auf der Suche nach Identität Woher kommt Gewalt und Aggression bei Jugendlichen? Gespräch mit einem Sozialarbeiter Adoptivfamilien

Bildungsstandards	Methoden	Beispiele
	Ein Rätsel zu einem Kapitel oder zum Roman erstellen und lösen lassen	Zum Beispiel Kreuzworträtsel
	Ein alternatives Titelbild erstellen	Als Cover für das Lesetagebuch
	Ein Plakat bzw. eine Collage zum Buch erstellen	Mit Zeichnungen, Zeitschriftenausschnitten, Textzitaten etc.
	Ein Hörspiel verfassen	In Bills Imbiss (Kap. 2) Crash und Ottoleen bei den Burtons zu Besuch (Kap. 13)
	Ein Gedicht zu einem Kapitel verfassen	Zias Songtexte (S. 178) Elena: Sam, meine Freundin
	Die fiktive Biografie einer Figur in einen Lebenslauf umwandeln	Sam Mrs Cartwright Crash Lopez
Handlungen, Verhaltensweisen und Verhaltensmotive bewerten	Zu den Romanfiguren Stellung beziehen, ihr Verhalten und Handeln bewerten und kommentieren	Sam trifft seinen Vater (Kap. 11) → **k.6** Die Burtons beschließen, Sam vor Crash zu verstecken (Kap. 13) → **k.8**
	Sympathie/Antipathie zu den Figuren thematisieren	Sympathiekurven zu Figuren erstellen Erster Eindruck von Sam (Kap. 1) → **k.2**

→ Sach- und Gebrauchstexte verstehen und nutzen

Hintergrundinformationen suchen, verstehen, auswerten und vergleichen	Eine Collage erstellen	Typisch Mädchen – typisch Junge!? Jugendgewalt

→ Medien verstehen und nutzen

Informationsmöglichkeiten nutzen	Internet- und Buchrecherche zu Themen des Romans	Typisch Mädchen – typisch Junge!? Jugendgewalt Waisenkinder The Doors

u.6

Vorschlag für eine Unterrichtseinheit

Nachfolgende Unterrichtseinheit folgt dem Grundsatz »erschließend, nicht erschöpfend«. Die Einheit besteht, unterstützt durch die Infoblätter und Kopiervorlagen aus diesem Heft, aus vier unterschiedlichen Modulen:

Modul A: Lesen und Erarbeitung des Romans

Modul B: Thematische Aspekte

Modul C: Projektorientierte Arbeit mit dem Roman

Modul D: Reflexion der Lektüre

Einstiegssequenz (2–4 Unterrichtsstunden)

Zum Titelbild
- Gemeinsames Betrachten des Titelbildes des Romans
- Vermutungen zu Titel und Titelbild anstellen

Assoziationen/Mindmap zum Thema »Mädchen/Junge«: Vorerfahrungen und Vorwissen stichwortartig auf einem Plakat sammeln und in der Klasse aufhängen, z.B. in geschlechtergetrennten Gruppen

Anlegen eines Lesetagebuches (Titelseite mit leerem Kasten für Titelbild, Anlegen eines Inhalts- und Personenverzeichnisses, Informationen zum Autor)

Modul A: Lesen und Erarbeitung des Romans

Erste Kontaktaufnahme mit dem Buch: Titelbild, Klappentext, Erstellung eines Zeilometers → **k.1**

Gemeinsames Lesen des Romananfangs

Annäherung an die Hauptfigur des Romans

Lektüre der Erzählung:
- teils häuslich (z.B. mit Notizen ins Lesetagebuch oder Deutschheft)
- teils im Unterricht (Vorlesen durch Lehrer/in und Schüler/innen, stille/freie Lesephasen)

Schwerpunktmäßige Bearbeitung einiger Szenen/Kapitel mithilfe der Kopiervorlagen **k.2** bis **k.12**

Weitere Anregungen aus der »Methodenkiste« in diesem Heft → **u.5**

Modul B: Thematische Aspekte

Im Zuge der Arbeit mit dem Roman könnte neben den literarischen Aspekten auch das Thema Geschlechterrollen bzw. »Junge/Mädchen« genauer bearbeitet werden. Dies kann im Rahmen eines fächerübergreifenden Unterrichts im Fach Biologie geschehen oder innerhalb einer Erarbeitungsphase vor oder während des Romans. Für die Arbeit mit dem Roman bietet sich auch eine vorausgehende oder anschließende Projektwoche zum Thema an.

Interessant für eine Gruppenarbeit könnten u.a. folgende Aspekte sein:
- Was ist typisch Mädchen – was ist typisch Junge? Eine Umfrage bei Kindern, Jugendlichen und Erwachsenen
- Anlage und/oder Umwelt? Wodurch werden wir Jungen und Mädchen?
- Aufgabenverteilung und Pflichten von Frauen/Männern und Mädchen/Jungen im Haushalt
- Geschlechterrollen im Wandel: Was war früher normal? Was ist heute normal?
- Gibt es die »neuen Väter«?
- Mädchen und Jungen in der Schule: Verhalten und Leistungen
- Berufswahl von Mädchen und Jungen
- Berühmte Wissenschaftlerinnen
- Frauen in Politik und Wirtschaft

Präsentation der Arbeitsergebnisse

Modul C: Projektorientierte Arbeit mit dem Roman

Die Schüler/innen arbeiten an unterschiedlichen, selbst gewählten Themen in Einzel-, Partner- bzw. Gruppenarbeit

Bearbeitung der Kopiervorlagen, die nicht in Modul A eingesetzt wurden

Weitere Anregungen aus der »Methodenkiste« in diesem Heft → **u.5**

Präsentation von Arbeitsergebnissen

Modul D: Reflexion der Lektüre

Präsentation von Arbeitsergebnissen aus den Lesetagebüchern

Verfassen einer Rezension, einer Ich-Erzählung, einer Kapitelübersicht oder einer Zeitungsreportage (z.B. als Leistungskontrolle) → **k.12**

Abschließendes Gespräch über die subjektiven Leseeindrücke und Bewertungen der Schüler/innen

Infoblätter

Der Autor Terence Blacker

i.1

© Macmillan

Terence Blacker, geboren 1948, arbeitete zehn Jahre als Herausgeber, bevor er 1983 Vollzeitautor wurde, und ist inzwischen ein etablierter Kinder- und Jugendbuchschriftsteller. Sein bekanntestes Werk für Kinder ist die erfolgreiche Miss-Wiss-Serie (engl. »Ms Wiz«) – das Buch »Miss Wiss Supermodel« wurde 1997 in England von Macmillan Children's Books verlegt. Für ältere Leser schrieb er »Homebird«, eine aggressive Geschichte über Heimatlosigkeit, und die »Hotshots-Serie«, die sich immer um Mädchen in einem Fußballteam dreht.

Neben dem Schreiben arbeitet er auch als Journalist und Kritiker für Funk und Printmedien sowie seit 1994 als Gastprofessor an der Universität von East Anglia, wo er Schreiben lehrt.

Er lebt mit seiner Frau, seinen zwei Kindern und vielen Haustieren in Norfolk in einem umgebauten alten Bauernhof. In seiner Freizeit spielt er gerne Gitarre und Fußball und liest viel.

Pressestimmen zu »Boy2Girl«

i.2

»Eine erfrischende Einführung in die Verwicklungen von Geschlecht und Selbstverständnis.«
signal

»Ein sehr unterhaltsames Buch, das besonders abwechslungsreich dadurch ist, dass fast alle Beteiligten mal erzählen.«
Frankfurter Rundschau

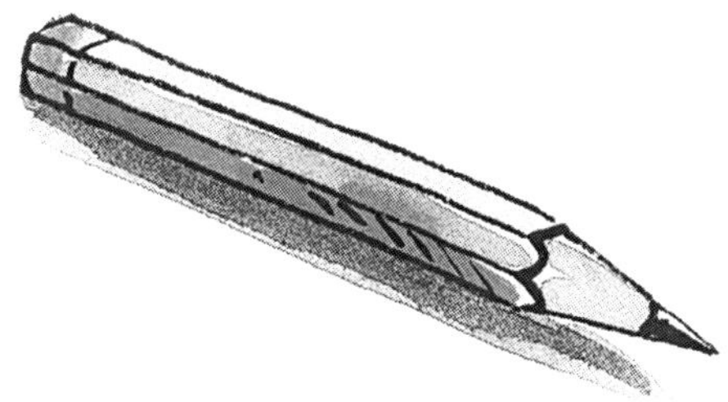

»Durchgeknallt witzige Geschichte!«
teensmag

»Nicht nur die Story, auch der Stil des Buches ist ungewöhnlich. Erzählt wird in relativ kurzen bis ganz knappen Abschnitten jeweils aus den Perspektiven der verschiedenen Akteure [...]. Das schafft jede Menge Lesevergnügen, sodass selbst Wenig-Leser das Buch kaum weglegen mögen, ehe nicht alles aufgelöst ist.«
Siegerländer Wochen-Anzeiger

i.3

Interview mit Terence Blacker

»Ich hatte riesigen Spaß beim Schreiben«

Terence Blacker über die Romanidee, seine Lieblingsstellen und die ungewöhnliche Erzählkonstruktion

Mr Blacker, was war für Sie der Auslöser zum Schreiben von »Boy2Girl«?

Ich wurde von einer Filmgesellschaft angefragt, die die Idee hatte, einen Film mit dem Titel »Ein Teen-Tootsie« zu machen. Sie wollte eine Story über einen Teenager, der sich aus einem unschuldigen Grund als Mädchen verkleiden muss – wie Dustin Hoffman im Film »Tootsie«. Nach einigem Hin und Her habe ich zugestimmt, die Idee in Romanform umzusetzen. Die Filmgesellschaft wollte letztendlich die Filmrechte nicht – aber jemand anders.

Wie häufig haben Sie den Text überarbeitet? Gab es größere Kürzungen?

Ich hatte etwa 20.000 Wörter geschrieben, aus der Perspektive von Matthew. Als Sam das erste Mal in ein Kleid steigt, habe ich festgestellt, dass das Konzept nicht aufgeht. Ich musste mir eine andere Erzählstruktur einfallen lassen. Als ich damit begonnen habe, die verschiedenen Stimmen zu benutzen, lief die Geschichte. Ich habe ein paar Änderungen an Sams Haltung seinem Vater gegenüber vorgenommen, nachdem ich den Roman bei meinem Verlag abgegeben hatte.

Es gibt unglaublich viele witzige Szenen im Roman. Welche ist Ihr Favorit?

Ich mag die Szene, in der Sam seinen großen Auftritt bei der Schulversammlung hat. Und die Szenen mit Tyrone und seiner ehrgeizigen Mutter finde ich sehr witzig.

Gab es Kapitel oder Textstellen, die Ihnen besonders schwerfielen zu schreiben?

Außergewöhnlicherweise – für mich – nein. Es hat mir riesigen Spaß gemacht, »Boy2Girl« zu schreiben.

Gibt es eine Szene oder Figur des Buches, die Sie besonders gern mögen?

Ich hatte von Anfang an eine Schwäche für Elena. Sie wird es später einmal zu etwas bringen ...

Alle wichtigen Figuren kommen als Erzähler zu Wort, nur Sam nicht. Ist das nicht schade?

Nein, gar nicht. Es war für die Geschichte wichtig, dass in ihrem Zentrum das faszinierende (so hoffe ich) Vakuum entsteht. Obwohl Sam eine starke Figur ist, ist er auch eine, durch die andere in gewisser Weise widergespiegelt werden. Die einzige andere Möglichkeit, die Geschichte zu erzählen, wäre aus Sams Perspektive gewesen. Und das wollte ich nicht.

Ist es Ihnen schwer gefallen, die unterschiedlichen Erzählstile durchzuhalten?

Naja, ich dachte erst, es würde sehr schwierig werden, aber die verschiedenen Stimmen haben die Geschichte vorangetrieben. Die Hauptsache bei diesen unterschiedlichen Perspektiven war, klarzumachen, was in der Geschichte passiert. Es war eine handwerkliche Sache, mit der ich vorsichtig umgehen musste.

Haben Sie auch mit dem Gedanken gespielt, die Geschichte in Ich-Perspektive zu schreiben?

Zuerst sollte es Matthews Geschichte werden. Dann habe ich über Sam als Erzähler nachgedacht. Aber ich war mir nicht sicher, ob ich überzeugend genug mit »amerikanischer Stimme« schreiben könnte. Letzten Endes gefiel mir diese Idee der Mehrstimmigkeit.

Der Schluss ist ja ein Happy End, das sich gewaschen hat. Hatten Sie auch andere Versionen im Kopf?

Ich wollte, dass Sam am Ende gut rauskommt – er hatte ein hartes Leben –, und ich mochte all die anderen jugendlichen Figuren. Ungewöhnlich für meine Bücher – die meisten Erwachsenen waren auch ganz in Ordnung. Ich habe den Roman in einer Zeit der Veränderungen in meinem eigenen Leben geschrieben. Ich habe in die Zukunft geschaut. Und ich denke, das scheint durch.

Welche Erfahrungen machen Sie, wenn Sie aus dem Buch vor Schülerinnen und Schülern lesen? Welche Stellen lesen Sie dann vor?

Ich habe Sams Auftritt in der Schulversammlung mit Jugendlichen gelesen – das kam gut an. Wenn ich selbst lese, wähle ich meist Matthews Beschreibung von Sams erster Verwandlung bei Tyrone zu Hause.

Die Lesesozialisationsforschung hat deutliche geschlechtsspezifische Aspekte von Lesen, vor allem von literarischem Lesen, offenbart. Bietet »Boy2Girl« Ihres Erachtens gleichermaßen Identifikationsflächen, Auseinandersetzungsmöglichkeiten und Lesegenuss für Mädchen und Jungen?

Die Geschichte sollte für Jungs und Mädchen sein – wie alle meine Bücher. Ich denke nicht so viel über Lesesozialisation nach. Ich erzähle einfach eine Geschichte.

Könnten Sie sich vorstellen, dass Ihr Roman verfilmt wird? Oder gibt es bereits Pläne dafür?

Ja, es gibt Pläne, die Geschichte zu verfilmen. Aber das ist noch nicht spruchreif. Ich habe da eine ziemlich fatalistische Haltung – wenn's passiert, passiert's. Für mich ist das Buch wichtig.

Abschließend: Wie würden Sie sich einen Literaturunterricht zu »Boy2Girl « wünschen?

»Boy2Girl« ist eine Geschichte. Ich persönlich hoffe, dass das Buch im Deutschunterricht nicht zu Tode analysiert wird. Es ist ein Roman, kein Arbeitsbuch. Ich hoffe, dass es Leute zum Lachen bringt, wenn sie es lesen – so wie mich beim Schreiben.

Mr Blacker, vielen Dank für das Gespräch.

Vielen Dank für die interessanten Fragen.

(Interview: Regine Schäfer-Munro, September 2007)

Tabellarische Kapitelübersicht

i.4

Kapitel	Seite	Mögliche Überschrift Handlung
1	7–21	**Sams Ankunft** • Matthews amerikanischer Cousin Sam kommt zu Beginn der Sommerferien zu den Burtons, weil Sams Mutter Gail, die Schwester von Mrs Burton, bei einem Autounfall ums Leben gekommen ist. Sam verhält sich unhöflich und stößt seine neue Familie und Matthews Freunde, die »Bunkerbande«, vor den Kopf. • Sam wird auf Matthews Schule angemeldet.
2	22–34	**Zoff in Bills Imbiss und Feindschaft mit den Zicken** • Die »Zicken«, Elena, Zia und Charley, sind in jahrelangem Clinch mit den Jungs der Bunkerbande. Sam bringt die Jungs dazu, sich offener als bisher über ihre Probleme zu unterhalten. • Elena bekommt vom Playboy der Schule, Mark Kramer, eine Abfuhr. • In Bills Imbiss macht sich Sam über Jakes Probleme mit seinem Vater lustig. Jake provoziert Sam. Sam beginnt auf Jake einzuschlagen. Die Jungs werden aus dem Imbiss geschmissen und treffen draußen zufällig die Zicken. • Elena verrät Bill die Personalien von den Jungs. Matthews Eltern kriegen Besuch von der Polizei.

Kapitel	Seite	Mögliche Überschrift Handlung
3	35–43	**Sam ist draußen** • Die Bunkerbande macht Sam für die Prügelei in Bills Imbiss verantwortlich und schließt ihn aus der Bande aus. Matthew erkennt, dass Sam im Grunde ein Junge ist, der Angst vorm Verlassensein hat und nur deshalb den coolen Macker markiert. Sam bietet Matthew an, eine Mutprobe zu bestehen, um wieder Freunde zu sein. Matthew überlegt.
4	44–54	**Sam nimmt Matthews verrückte Mutprobe an** • Die Jungs bestellen Sam ein und teilen ihm die Mutprobe mit: Aktion Samantha. Er muss fünf Tage als Mädchen in die Schule gehen und soll dabei die Zicken ausspionieren. Sam lehnt zuerst ab, probiert dann aber die bereitgelegte Schuluniform an. Schließlich nimmt er die Mutprobe an. Die Wochen bis zum Schulbeginn vergehen. Sam wird verträglicher. • Am letzten Ferienabend gehen die Burtons mit Sam italienisch essen. Mr Burton will die Jungs am nächsten Tag in die Schule bringen, beide lehnen aber ab.
5	55–69	**Die außergewöhnliche Schulversammlung** • Am ersten Schultag zieht sich Sam in der Toilette hinter dem Bunker um. Die Jungs kommen etwas spät zur Schulversammlung. Weil alle hinteren Plätze besetzt sind, müssen sie sich mit Sam in die erste Reihe setzen. Sam fällt allen auf, weil »sie« so selbstbewusst geht und Kaugummi kaut. Mrs Cartwright, die Rektorin, begrüßt Sam vom Podium aus. Doch der vermeintliche Junge entpuppt sich als Mädchen. Sam steht auf, lächelt frech und begegnet schlagfertig Mrs Cartwrights Fragen. Viele Schüler/innen sind von »ihr« begeistert und fasziniert. Gary, der Schläger der Schule, macht Sam nach der Versammlung draußen dumm von der Seite an, Sam gibt ihm aber ordentlich Paroli und beleidigt ihn. Der Streit wird von Steve Forrester, dem Klassenlehrer, unterbunden.
6	70–84	**Prügelei und das falsche Klo** • Bei der Vorstellungsrunde in der 8. Klasse berichtet Sam, mit Kraftausdrücken unterlegt, dass »ihre« Mutter gestorben sei. Sam wächst zunehmend in seine Mädchenrolle hinein, sitzt am Mädchentisch und zeigt sich als begabter Schauspieler. Er wird zum Liebling der Klasse. • Da Sam noch seine klobige Jungensportuhr trägt, erklärt er dies kurzerhand zur neuen Mode in den USA. • Gary bestellt Sam in den Naturwissenschaften-Trakt und will »sie« verprügeln. Sam wehrt sich aber und besiegt Gary, der winselnd am Boden liegt. Steve Forrester greift ein. Sam wird von den Mitschülern als Sieger gefeiert. Aus Versehen läuft Sam unter aller Augen in die Jungentoilette. Matthew geht hinterher, und beide spielen den anderen beim Rausgehen eine Szene vor, dass Sam so durcheinander war. Sam erklärt den Mitschülern, dass es in den USA keine getrennten Toiletten gäbe.
7	85–100	**Mittagspause** • Sam setzt sich in der Mittagspause zu den drei Mädchen. Charley erzählt, dass sie zum ersten Mal in den Ferien ihre Tage bekommen hat. Sam versteht nur Bahnhof und sagt, dass es bei »ihr« noch nicht losgegangen sei. Elena hilft »ihr« und gibt »ihr« einen ihrer BHs. • Der Anwalt von Sams Mutter ruft die Burtons an und teilt ihnen mit, dass Sam ein Vermögen erbt, das aus den Einnahmen von Gails erstem Mann und seiner Heavy-Metal-Band 666 stammt. Außerdem ist Sams Vater aus dem Gefängnis entlassen worden. Das Ehepaar Burton behält diese Neuigkeiten erst einmal für sich. • Crash Lopez erfährt, dass seine Ex-Frau gestorben ist. Er will wissen, wo sein Sohn ist.
8	101–114	**Das Idol der Schule** • Sam trägt einen BH von Elena. »Sie« wird eine der besten Schülerinnen der Klasse. Viele Mädchen der Schule ahmen »ihr« mädchenuntypisches Verhalten nach. Die Rektorin registriert dies kritisch. Mark Kramer verknallt sich in Sam. Matthew merkt, dass sich die Aktion Samantha in die falsche Richtung entwickelt. Sam ist zu den Mädchen übergelaufen. • Der amerikanische Anwalt teilt Mrs Burton mit, dass sein Büro versentlich Crash Lopez mitgeteilt habe, dass sich Sam in London befindet.

Kapitel	Seite	**Mögliche Überschrift** Handlung
9	115–123	**Matts neue Freundin** • Sam möchte mit Mark ausgehen. • Matthew und Sam laufen durch den Park und werden von Matts Mutter gesehen. Matt legt den Arm um Sam und gibt »sie« zu Hause als seine neue Freundin Simone aus. Matts Vater will seinen Sohn aufklären. Sam ist dabei, macht sich einen Spaß daraus und fragt Matts Vater aus.
10	124–141	**Crash in town** • Crash fliegt mit seiner neuen Frau nach London, um seinen Sohn zu holen. Sie nehmen sich einen Leihwagen. Die Burtons informieren die Polizei darüber, dass Crash eventuell Sam entführen könnte. • Zia und Sam freunden sich stärker an, ihre Gemeinsamkeit ist die Begeisterung für die Musik. In der Pause singen sie zusammen einen Doors-Hit, ohne vorher geprobt zu haben. Alle Umstehenden sind begeistert. Sam wird immer netter und umgänglicher. Er zupft sich die Augenbrauen. • Sam gibt Mark eine Abfuhr, als er sie anmacht.
11	142–153	**Eifersucht und ein unverhofftes Wiedersehen** • Elena beleidigt Zia auf dem Schulhof, weil sie eifersüchtig auf sie ist. Zia rennt weinend ins Klassenzimmer und Sam läuft ihr hinterher. Sam erzählt Zia, um sie zu trösten, seine eigene Lebensgeschichte, getarnt als die seines Freundes. Elena sei im Grunde, so Sam, neidisch auf Zia und habe deshalb eine so große Wut auf sie. Sam hält dabei Zias Hand. • In Bills Imbiss besänftigt Sam Bill mit einer rührseligen Geschichte: »Ihr« Bruder sei deshalb so ausgerastet, weil kurz zuvor seine Mutter gestorben sei. Dabei fängt Sam wirklich an zu weinen. Zurück auf der Straße entdeckt Sam seinen Vater.
12	154–164	**Der Plan** • Sam ist sich sicher, dass sein Vater nicht nur da ist, um ihn zu treffen. Matthew erzählt es seinen Eltern. Dann rücken auch sie Matthew gegenüber mit ihren Informationen heraus, dieser erzählt es Sam. Matthews Plan ist, dass Sam die Mädchenrolle so lange spielt, bis sein Vater die Suche aufgegeben hat. Sam offenbart sich den Burtons als Mädchen. Die Eltern sind schließlich einverstanden.
13	165–176 *Freitag*	**Crashs Besuch** • Sam sagt Elena, dass es »ihr« heute nicht besonders gut gehe. Elena interpretiert dies als prämenstruelles Syndrom und erzählt es überall herum. Mark versucht wieder vergeblich, mit Sam ein Date zu vereinbaren. • Crash und Ottoleen gehen zu den Burtons, um Sam abzuholen. Die Eltern geben an, von nichts zu wissen. Crash wird wütend und sucht im ganzen Haus. Sam hat sich schnell als Mädchen verkleidet, und alle geben ihn als kanadische Austauschschülerin aus. Crash erkennt seinen Sohn nicht. Crash und Ottoleen rauschen ab.
14	177–190 *Samstag/ Sonntag*	**Sam wird zum Mann** • Zia schreibt am Wochenende einige Lieder, um sie mit Sam zu singen. • Die Jungs gehen nach dem Shoppen in Bills Imbiss. Dort entdeckt Jake, dass Sam an der Oberlippe Barthaare wachsen. Mrs Burton enthaart ihn mit Wachs. Darüber hinaus kommt er auch in den Stimmbruch. • Tyrone gibt Sam seiner Mutter gegenüber als seine neue Freundin aus. Sam kommt zu ihm zu Besuch. • Ottoleen ruft bei allen Schulen an, um herauszufinden, wo Sam ist. Bei der Bradbury-Hill-Schule hat sie Erfolg.
15	191–205 *Montag/ Dienstag*	**Sam und Zia in Harmonie** • Mark spricht Sam erneut an und verabredet sich mit »ihr« zu einem Fußballspiel. • Sam rät Jake, Kontakt zu dessen Vater aufzunehmen. • Zia gibt Sam die Textblätter und Songs, die sie am Wochenende produziert hat. Vor ihren Freundinnen verrät sie sich und dass sie auf Mark eifersüchtig ist, weil Sam das Date annimmt. Am nächsten Tag üben Sam und Zia zusammen. Die Lieder klingen toll. • Crash und Ottoleen machen sich Gedanken über ihre rosige Zukunft in Reichtum. Ottoleen möchte ein Kind von Crash.

<table>
<tr><th>Kapitel</th><th>Seite</th><th>Mögliche Überschrift
Handlung</th></tr>
<tr><td>16</td><td>206–216
Dienstag</td><td>Fußball-Randale
• Sam und Mark gehen zum Fußball. Es kommt zu einer großen Prügelei auf dem Platz vor der Fankurve, bei der Sam mitmischt und Fans der gegnerischen Mannschaft übel zurichtet. Er wird im Blitzlichtgewitter der Pressefotografen von der Polizei abgeführt. Später holt das Ehepaar Burton ihn auf der Polizeiwache ab. Daheim angekommen, schlägt sich Sam erst einmal den Bauch voll.</td></tr>
<tr><td>17</td><td>217–239
Mittwoch–Freitag</td><td>Zia erfährt die Wahrheit
• Auf Seite 1 der Tageszeitung ist Sam unter der Überschrift »Teufelsweib!« abgebildet. Auch Sams Vater liest die Zeitung, erkennt aber seinen Sohn wieder nicht. Mrs Cartwright bestellt Sam ein, um »ihr« die Leviten zu lesen. Vorher geht sie in ihre Aktenkammer, um sich den Frust von der Seele zu schreien. Sam erwischt sie dabei, weshalb das Klärungsgespräch zwischen beiden harmlos verläuft. Sam ist die Attraktion der Schule. Zia hat die Idee zu einem Song: »Böses Mädchen«. Sam und sie proben das Lied und holen sich Elena und Charley als Background-Sängerinnen für die Talentshow am Samstag.
• Sam rät Jake, dessen Vater zur Talentshow einzuladen. Als Mark mit zwei Kumpels noch einmal Sam anmacht, gibt Sam Tyrone als seinen neuen Freund aus. Alle sind überrascht, Zia ist entsetzt und tief enttäuscht. Sie will den Auftritt bei der Talentshow hinschmeißen. Sam gesteht ihr, dass er ein Junge ist.
• Ottoleen ist schwanger.</td></tr>
<tr><td>18</td><td>240–250
Samstag</td><td>Elenas Enttäuschung
• Jakes Vater sagt zu, dass er zur Talentshow kommen wird.
• Bei der Probe für die Talentshow am Samstagvormittag erfahren auch Elena und Charley die Wahrheit, dass Sam ein Junge ist. Erst ist Elena sehr enttäuscht von Sam, stimmt aber dem gemeinsamen Auftritt am Abend zu. Die Band weiß noch nicht, wie sie sich nennen sollen.
• Alle Schüler/innen und ihre Eltern sind sehr aufgeregt vor der Talentshow. Tyrones Mutter ist sehr stolz, dass ihr Sohn eine Freundin hat, und erzählt allen anderen davon.</td></tr>
<tr><td>19</td><td>251–281</td><td>Showdown bei der Talentshow
• Die Talentshow beginnt. Crash und Ottoleen kommen und setzen sich eine Reihe vor die Burtons und die anderen Familien.
• Mrs Cartwright begrüßt die Gäste und das Programm nimmt seinen Lauf.
• Nach der ersten Stunde der Vorführungen treten die »Pandas« auf, die Band von Zia und Sam. Die vier haben ihre Augen mit Korken geschwärzt. Das erste Lied »Meine Wolke« verläuft ohne Zwischenfälle. Dann legen sie mit »Böses Mädchen« los, lauter und wilder als zuvor. Das Publikum ist erst erstaunt, dann begeistert. Am Ende des Songs gibt sich Sam als Junge zu erkennen. Elena gibt danach die Bandbesetzung bekannt und nennt Sam Lopez' Namen. Crash stolpert zur Bühne und Sam verschwindet hinter der Bühne.
• Mrs Cartwright bittet die Burtons und das Ehepaar Lopez zur Klärung in ihr Büro. Dann bittet sie auch Sam dazu. Sam sagt Matthew auf dem Weg zum Büro, dass er nicht mehr vor seinen Problemen weglaufen könne.
• Sam konfrontiert seinen Vater mit seinem Erlebnis als fünfjähriges Kind, als er auf einer hohen Mauer die Leute ablenken musste, damit sein Vater nebenan einen Laden ausrauben konnte. Crash ist das peinlich. Ottoleen fängt an zu weinen und sagt, dass sie schwanger sei. Sam sagt, dass er bei den Burtons bleiben möchte.
• Als sie aus dem Büro herauskommen, wirft sich Zia Sam vor Glück um den Hals. Matthew ist den Tränen nahe.</td></tr>
</table>

i.5

Figurenkonstellation

Die Übersicht zeigt alle wichtigen Figuren des Romans. Dabei bildet Sam das Zentrum. Je näher die Figur bei Sam steht, umso größer ist die emotionale Nähe zwischen beiden. Die Schriftgröße zeigt die Relevanz der Figur für den Roman an.

Die erwachsenen Figuren sind oberhalb, die jugendlichen Figuren unterhalb von Sam dargestellt. Figuren, die zumindest zum Teil mit den traditionellen Geschlechterrollen brechen, sind mit dem Symbol gekennzeichnet.

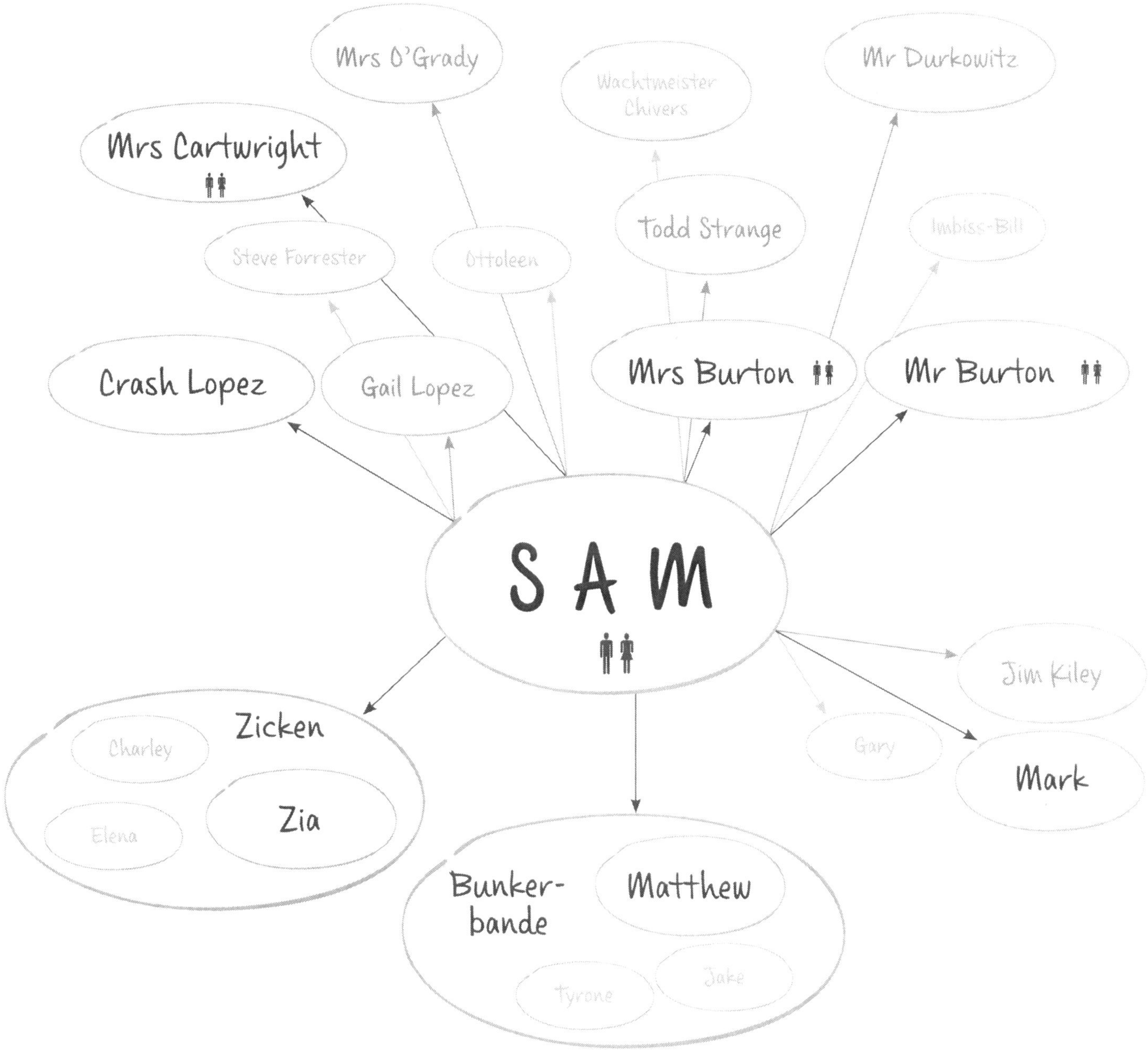

Mrs O'Grady
Wachtmeister Chivers
Mr Durkowitz
Mrs Cartwright
Todd Strange
Imbiss-Bill
Steve Forrester
Ottoleen
Crash Lopez
Gail Lopez
Mrs Burton
Mr Burton
SAM
Jim Kiley
Zicken
Charley
Elena
Zia
Gary
Mark
Bunkerbande
Matthew
Tyrone
Jake

Lesezeichen und Zeilometer

Terence Blacker

boy2girl

Dieses Lesezeichen ist eine Hilfe dabei, einzelne Textstellen zu finden oder dich mit deinen Mitschüler/innen über bestimmte Textstellen zu unterhalten: Lege dazu einfach das Zeilometer an den oberen Buchrand. Die Zahlen sind dann die jeweiligen Zeilen. Natürlich kannst du auch dein individuelles Zeilometer gestalten.

»Der wahre Sam Lopez«

1. Stelle die jeweiligen Fragen zu den vorgegebenen Antworten.

a) ____ ?

Er kommt zu den Burtons, weil seine Mutter Gail bei einem Autounfall gestorben ist, sie sich von Sams Vater schon lange getrennt hat und Gails neuer Partner im Gefängnis sitzt.

b) ____ ?

Matthew findet Sam einen nervigen Knallkopf, der seine Familie durcheinanderbringt.

2. Nach den ersten Seiten hast du Sam schon ein bisschen kennengelernt. Was denkst du über ihn? Kreuze an und liefere je einen Textbeleg (Seite/Zeile).

	sehr	ziem-lich	mittel	ziem-lich	sehr		Seite/Zeile
fröhlich	○	○	○	○	○	traurig	………
selbstbewusst	○	○	○	○	○	voller Selbstzweifel	………
sympathisch	○	○	○	○	○	unsympathisch	………
gefühlsbestimmt	○	○	○	○	○	vernunftbestimmt	………
klug	○	○	○	○	○	dumm	………
typisch Junge	○	○	○	○	○	untypisch Junge	………
cool	○	○	○	○	○	uncool	………
interessant	○	○	○	○	○	langweilig	………
erwachsen	○	○	○	○	○	kindlich	………

Sprecht in der Gruppe oder der Klasse über eure Einschätzungen zu Sam: Seid ihr ähnlicher Meinung? Oder gibt es größere Unterschiede? Begründet eure Position mit den Textbelegen.

3. Was verändert sich für die Burtons durch Sams Ankunft? Formuliere mithilfe von Kapitel 1 einige Stichwörter und berichte in der Gruppe oder Klasse darüber.

Tipp

Hilfe zu Aufgabe 1: Mögliche Fragen

Hinweis: Einige Fragen sind falsch – kannst du auch die beantworten?
Was weiß Sam von seinem Vater? • Was tut Sam beim ersten Zusammentreffen mit der Bunkerbande? • Warum heißen die drei »die Bunkerbande«? • Warum kommt Sam zu den Burtons? • Was hält Matthew von Sam? • Warum ist Sam so unfreundlich? • Was sind die Eltern von Matthew von Beruf?

»Hör auf, meinen Dad zu dissen!«

Die Art, wie die Geschichte erzählt wird, ist außergewöhnlich – das hast du bestimmt schon gemerkt: Immer erzählen die Figuren das, was passiert, aus ihrer Ich-Perspektive.

1. Wer sagt oder denkt das?
Schreibe die Figur und die Textstelle dazu.

		Wer?	Seite/Zeile
a)	In jenem Sommer hat Elena gegen unsere goldene Regel verstoßen.	Zia	S. 23 / Z. 3/4
b)	Plötzlich redeten wir miteinander, wie wir es bis dahin nie getan hatten.	....	....
c)	Ich hasste Tasha, ich hasste mich, aber vor allem hasste ich Mark Kramer.	....	....
d)	Ohne Auto kann mein Dad mich nicht besuchen.	....	....
e)	Diss meinen Dad und du stirbst.	....	....
f)	Wie heißt ihr, alle drei?	....	....
g)	Stimmt schon, ich hätte das nicht tun sollen.	....	....

2. Beantworte die Fragen.

a) Was erfahren wir über Jakes Eltern? ______________________

____

b) Warum kommt es zum Streit zwischen Sam und Jake? ______________________

____

c) Wie endet der Streit? ______________________

d) Was macht Elena und welche Konsequenzen hat das? ______________________

____

3. Versucht, die Szene in Bills Imbiss (S. 27–30) zuerst mit verteilten Rollen zu lesen und dann im Rollenspiel oder in mindestens sechs Standbildern darzustellen. Am besten, du unterstreichst das, was die unterschiedlichen Figuren sagen, in unterschiedlichen Farben.

Tipp

Hilfe zu Aufgabe 3: Einzelne Gesprächsabschnitte

alle kommen rein • Jake erzählt von seinem Vater • Sam äußert sich ironisch • Sam erzählt von seinem Vater • Jake spricht ironisch über Sams Vater • Sam rastet aus • Bill greift ein und setzt ihn vor die Tür • Bill befragt die drei anderen und weist ihnen die Tür • vor der Tür ist Sam verschwunden

»Ich bin Sam, Ma'am«

Sam nimmt die Mutprobe an, eine Woche als Mädchen zur Schule zu gehen und die Zicken auszuhorchen. Sein erster Schultag verläuft nicht ganz wie geplant …

1. Wie fühlen sich die Figuren vor, während und nach der Schulversammlung? Ordne zu und schreibe in dein Heft oder Lesetagebuch.

Sam	Mrs Cartwright	Matthew
Charley	Elena	Gary

enttäuscht darüber, dass sich die beiden anderen bei den Jungs entschuldigen wollen	wütend, weil sich Sam mit ihm anlegt und Steve Forrester auftaucht	erst sehr unsicher und dann zunehmend selbstbewusster, als er merkt, wie gut er ankommt
aufgeregt, ob alles mit Sams Verkleidung klappen wird	genervt von Garys dummen Sprüchen	irritiert, dass Sam ein Mädchen ist

2. Kapitel 5 besteht aus drei Szenen:
- dem Umziehen am Bunker und der Begegnung mit der alten Frau (S. 55 bis 58 oben),
- der Schulversammlung (S. 58 bis 67 oben) und
- der Auseinandersetzung mit Gary auf dem Schulhof (S. 66 unten bis 69).

Wähle eine der Szenen aus und unterstreiche im Text besonders wichtige Textstellen, also Schlüsselbegriffe, die den Fortgang der Handlung bestimmen.

3. Verfasse für eine der drei Szenen oder für alle drei Szenen eine Ich-Erzählung von Sam, wie er alles erlebt haben könnte. Schreibe deinen Text in dein Heft oder Lesetagebuch.

Tipp

ätzende Mädchenkleider · alte, verknautschte Zicke · aufgeregt · Oh, mein Gott! Wenn das rauskommt! · schwierig, so wie ein Mädchen zu sein · Einmarsch der Gladiatoren · geltungssüchtige Rektorin · Hilfe, was mach ich hier! · ratlos · Jetzt zeig ich's ihr! · zuerst komisch · dann hatte ich die Situation im Griff · Wie werde ich die wieder los? · Kotzbrocken · keine Angst · in der Zickenclique stark · auf die Brust pieken · Rache

4. Zeichne eine Szene aus Kapitel 5 in dein Heft oder Lesetagebuch.

In den Kapiteln 6 und 7 geschehen aufregende Dinge am ersten Schultag …

»Ach ja, ich bin ein Mädchen«

1. Ordne die Sätze in die richtige Reihenfolge und klebe sie dann in dein Heft oder Lesetagebuch.

Sam wehrt sich aber und besiegt Gary, der winselnd am Boden liegt.	Sam setzt sich in der Mittagspause zu den drei Mädchen.	Da Sam noch seine klobige Jungensportuhr trägt, erklärt er dies kurzerhand zur neuen Mode in den USA.
Matthew geht hinterher, und beide spielen den anderen beim Rausgehen eine Szene vor, dass Sam so durcheinander war.	Bei der Vorstellungsrunde in der 8. Klasse berichtet Sam, mit Kraftausdrücken unterlegt, dass ihre Mutter gestorben sei.	Der Anwalt von Sams Mutter ruft die Burtons an und teilt ihnen mit, dass Sam ein Vermögen erbt, das aus den Einnahmen von Gails erstem Mann und seiner Heavy-Metal-Band 666 stammt.
Elena hilft ihm und gibt ihm einen ihrer BHs.	Charley erzählt, dass sie zum ersten Mal in den Ferien ihre Tage bekommen hat.	Sam läuft aus Versehen unter aller Augen in die Jungentoilette.
Außerdem ist Sams Vater aus dem Gefängnis entlassen worden.	Sam versteht nur Bahnhof und sagt, dass es bei ihm noch nicht losgegangen sei.	Crash Lopez erfährt, dass seine Ex-Frau gestorben ist. Er will wissen, wo sein Sohn ist.
Das Ehepaar Burton behält diese Neuigkeiten erst einmal für sich.	Steve Forrester greift ein und Sam wird von den Mitschülern als Sieger gefeiert.	Gary bestellt Sam in den Naturwissenschaften-Trakt und will ihn verprügeln.

2. In Kapitel 7 gibt es zahlreiche witzige Stellen.

a) Notiere dir am Rand mithilfe von Smileys ☺, wo ein Stelle ist, die du witzig findest. Wenn du eine Textstelle etwas witzig findest, bekommt sie ein Smiley, wenn du eine ziemlich witzig findest, zwei, und wenn du eine Textstelle brutal witzig findest, drei Smileys.

b) Erstelle dann am Ende eine Top-3-Liste mit deinen Favoriten:

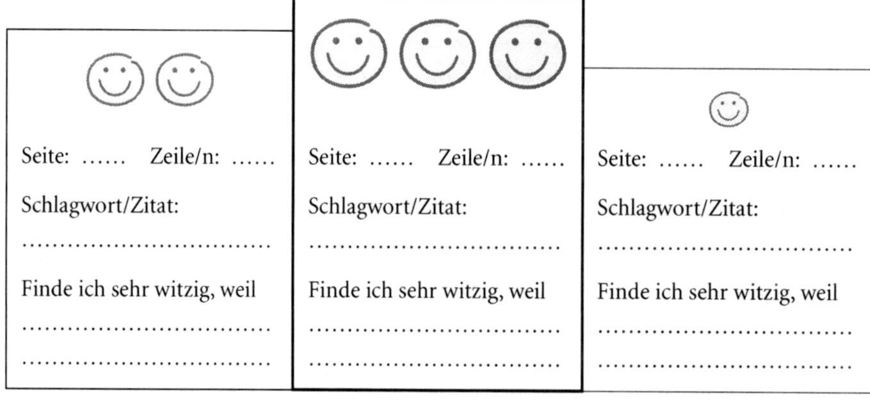

Seite: …… Zeile/n: ……
Schlagwort/Zitat:
……………………………
Finde ich sehr witzig, weil
……………………………
……………………………

Seite: …… Zeile/n: ……
Schlagwort/Zitat:
……………………………
Finde ich sehr witzig, weil
……………………………
……………………………

Seite: …… Zeile/n: ……
Schlagwort/Zitat:
……………………………
Finde ich sehr witzig, weil
……………………………
……………………………

Tipp

Hilfe zu Aufgabe 2: Mögliche witzige Textstellen

Maler im Haus (87) • ich warte noch (88) • Galaxy ist reicher (89) • »Nicht mehr unter wem?« (91) • Familientyp (92) • mehr deine Freundin ist (93) • Busenfreundin (93) • Push-up-BH anziehen (95) • sie haben eine Tochter (98) • Big Top (98) • was macht eigentlich so 'n nettes Mädchen (99) • hochnäsiger Engländer (100)

»Tu einfach, was ich sage«

1. Schreibe die Fragen (zu Kapitel 9) und deine Antworten in dein Heft oder Lesetagebuch.

a) Was denkt Sam darüber, dass Mark Kramer auf ihn steht?
b) Wie verhält sich Wachtmeister Chivers im Umgang mit den Vieren?
c) Von wem werden Matthew und Sam in der Stadt zufällig gesehen?
d) Wie geht Matthew dort mit der Situation um?
e) Was fühlt Matthews Mutter bezüglich dessen, was sie gesehen hat?
f) Wie verläuft das Gespräch zu Hause, nachdem Mrs Burton Matthew darauf anspricht?
g) Wozu bittet Mrs Burton ihren Mann?
h) Welche Rolle spielt Sam während der schwierigen Unterhaltung mit Matthew und seinem Vater unter Männern?
i) Was ist Matthews Absicht, als er und Sam nach oben in sein Zimmer gehen?

2. Matthew wurde von seiner Mutter erwischt. Das ist beiden ziemlich peinlich.
Erzähle oder schreibe über ein Erlebnis, bei dem du selbst von deiner Mutter und/oder deinem Vater erwischt wurdest. Beschreibe dabei auch, was du gedacht und gefühlt hast. Vielleicht weißt du auch, was deine Eltern dachten und fühlten.

3. In Kapitel 11 kommt es zu einer wichtigen Begegnung. Lies dir die Textstelle (S. 152 unten bis 153) noch einmal durch und notiere möglichst viele subjektive Kommentare am Textrand, die dir spontan beim Lesen einfallen. Das können z. B. Bewertungen, eigene Erfahrungen oder auch Fragen sein, die du dir beim Lesen stellst. Dazu legst du ein zusätzliches weißes Blatt jeweils an den Textrand.
Hier siehst du den Anfang der Textstelle mit zwei verschiedenen Kommentarspalten zweier Schüler als Beispiel:

Kommentare von Sarah	Text	Kommentare von Murat
Werden sie erkannt? ginge mir ähnlich Warum?	Wir verließen die Fußgängerzone und gerieten in eine belebte Straße. Die Sonne schien hell und wir sahen einen Eiswagen, wahrscheinlich den letzten vor dem Herbst. Matt schlug vor, wir könnten uns ein Eis spendieren, schließlich hätten wir gerade Geld gespart. Wir stellten uns an, immer noch ein bisschen bedrückt von dem, was in Bills Imbiss geschehen war. Als Jake dran war, sagte Sam, der als Letzter anstand, mit leiser, ungläubiger Stimme das eine Wort: »Nein.«	Abschiedsstimmung peinlich! Doch nicht sein Dad!?

4. Sprecht (z. B. in Partner- oder Gruppenarbeit) über eure individuellen Kommentare und Leseweisen. Wo gibt es Übereinstimmungen? Wo Unterschiede?

5. Verfasse einen Tagebucheintrag von Sam am Abend des Wiedersehens mit seinem Vater. Schreibe deinen Text in dein Heft oder Lesetagebuch.

Matthew hat einen

»Ein Kind kann sehr nützlich sein«

1. Verbinde die Satzteile und schreibe sie in dein Heft oder Lesetagebuch. Ergänze in Klammer die Belegstelle aus dem Text (Seite/Zeile).

Jake wundert sich,	dass ihn sein Vater nur wegen des Geldes finden will. (............)
Sam vermutet,	dass Sam in der Küche in Mädchenversion auftaucht. (............)
Mr Burton erzählt seinem Sohn,	dass dieser erst einmal seinen Vater nicht treffen will. (............)
Matthew verlangt von seinem Vater,	dass Sams Vater ganz anders aussieht, als er ihn sich vorgestellt hat. (............)
Sam erzählt Matthew,	dass er so von den Burtons gemocht wird. (............)
Matthew erfährt schließlich von Sam,	dass Sam und sie viel Geld erben. (............)
Matthews Plan besteht darin,	dass sie sehr traurig wären, wenn er nicht mehr bei ihnen leben würde. (............)
Mrs Burton ist entsetzt,	dass sein Vater ihn oft für seine kriminellen Aktionen benutzt hat. (............)
Crash freut sich darauf,	dass Sam entscheidet, wie es weitergehen soll. (............)
Die drei Burtons versichern Sam,	dass er bald ein reicher Mann ist. (............)
Sam ist gerührt davon,	dass Sam auch zu Hause das Mädchen spielen soll, bis Crash Lopez aufgibt. (............)

2. Erkläre folgende Textstellen mit eigenen Worten.

a) »Also war meine Mum gar nicht so blöde.« (S. 158)

____

b) »Das war nicht der Matthew, den wir kannten.« (S. 160)

____

3. Auf Seite 158 (Zeile 6–8) bringt Matthew seinen Cousin auf den aktuellen Stand. Spielt bzw. schreibt in Partnerarbeit diesen Dialog. Stellt euch vor, dass Matthew mit seinen Aussagen versucht, Sams Stimmung aufzuheitern.

So könnte euer Dialog beginnen:
Matthew: »Hi Sam, na, alles klar, Alter?«
Sam: »Was gibt's?«
Matthew: »Mhm, inzwischen ist allerhand passiert, ohne dass wir was davon erfahren haben.«
Sam: »Spuck's schon aus.«
Matthew: …

Crash Lopez besucht die Burtons, um seinen Sohn rauszuholen …

»Jetzt will ich ihn zurück«

1. Beantworte die Fragen.

a) Warum erzählt Elena überall herum, was sie über Sams Menstruation »weiß«?

____

b) Was könnte Mark Kramer so anziehend an Sam finden?

____

c) Was macht Sam, nachdem er unten die Haustürklingel gehört hat?

____

2. Stellt die Szene, als Crash und Ottoleen bei den Burtons sind, im Rollenspiel dar (S. 169 unten bis 175). Die Rollenkarten helfen euch. Vielleicht könnt ihr eure Szenen auf Video aufnehmen und danach gemeinsam anschauen.

Mr Burton Du bist ängstlich, machst den Tee in der Küche. Am Ende verabschiedest du die Besucher höflich.	…………………………… Du bist mutig und lügst Crash ins Gesicht, dass sein Sohn nicht da ist. Du erklärst ihm, dass Simone die Austauschschülerin ist.	…………………………… Du sitzt oben im Zimmer und verleugnest Sam, als Crash hereinkommt.
…………………………… Du bist erst freundlich, dann rastest du aus und suchst wild im Haus nach deinem Sohn. Beim Gehen beleidigst du Mr Burton.	…………………………… Du magst eine Tasse Tee und schämst dich für deinen wild gewordenen Mann. Am Schluss bedankst du dich höflich für den Tee.	…………………………… Du sitzt oben vorm Spiegel und kämmst dir die Haare, als Crash reinplatzt. Du sagst ihm, dass du Simone heißt.

3. Die Burtons gehen ein hohes Risiko ein, indem Sam auch noch zu Hause die Mädchenrolle spielt. Findest du ihre Entscheidung richtig, Sams Vater so zu belügen? Oder findest du es nicht richtig, wie sie sich verhalten? Diskutiert in der Klasse darüber.

4. Schreibe Crashs und Ottoleens »Besuch« bei den Burtons aus Matthews Perspektive. Stell dir vor, er hätte die Gespräche unten im Wohnzimmer aus seinem Zimmer belauschen können. Beschreibe dabei auch Matthews Gedanken und Gefühle.

»Ich mein die Gewalt, die hier ist«

1. Lies dir noch einmal das 16. Kapitel durch. Gliedere den Text in einzelne Abschnitte (in tabellarischer Form wie hier der Anfang von Kap. 15). Fasse den Inhalt des Abschnitts stichpunktartig oder in wenigen Sätzen zusammen und versuche, zu jedem Abschnitt eine Überschrift zu finden.

Abschnitt	Wer erzählt?	Zusammenfassung	Überschrift
S. 206, Z. 1 bis S. 207, Z. 6	Mrs Cartwright	Crash ruft unter falschem Namen und recht unhöflich bei Mrs Cartwright an und sagt, er wolle die Schule »checken«. Die Rektorin verweist ihn auf den nächsten Tag der offenen Tür.	Anruf unter falschem Namen

2. In Kapitel 16 erzählen zahlreiche Figuren aus ihrer Perspektive das Geschehen. Du hast sicher schon gemerkt, dass viele Figuren ihren eigenen, unverwechselbaren Erzähl- und Sprachstil haben. Ordne nun zu.

Figur	Zitat	Wie erzählt die Figur?
Mrs Cartwright	»Was wäre, wenn Sam nicht meinen gepolsterten BH hätte?«	bürokratisch-gestelzt, mit Fremdwörtern, ich-bezogen, sehr erwachsen
Matthew	»Zu spät.«	erwachsen, analytisch, gefühlsbezogen
Elena	»Ich hab's nicht verstanden.«	jugendlich, direkt, arrogant
Mr Burton	»Wir waren beunruhigt.«	sehr locker, ich-bezogen, Jugendsprache
Mark	»von windigen männlichen Elementen«	bürokratisch-gestelzt, distanziert, erwachsen, Amtssprache
Wachtmeister Chivers	»wie ich das nenne«	ziemlich locker, jugendlich, ironisch, verständnisvoll

3. Immer wieder ist Sam in seinem früheren und auch jetzigen Leben mit Aggressionen und Gewalt in Berührung gekommen, als Täter und Opfer. Finde Textstellen, die damit zu tun haben. Erstelle eine Tabelle mit Stichworten und schreibe zu den jeweiligen Stichworten die Belegstelle aus dem Text (Seite/Zeile).

Gewalt und Aggression in seiner Familie (Sam als Opfer)	Sams Gewalt und Aggression (Sam als Täter)

4. Führe ein fiktives Interview mit Mark oder Sam nach der Randale im Fußballstadion. Du kannst das Interview entweder aufschreiben, mit einer Partnerin bzw. einem Partner spielen oder auf Kassette aufnehmen.

»Wir waren wir«

1. Richtig? Falsch? Nicht im Text (/)? Kreuze an und schreibe die Seite dazu.

		r	f	/	Seite
a)	Mrs Cartwright ist es egal, als bekannt wird, dass das »Teufelsweib« von ihrer Schule kommt.	○	○	○	....
b)	Matthew passt es nicht, dass Sam wegen seiner Gewaltausbrüche zum Star der Schule wird.	○	○	○	....
c)	Sam kommt deshalb bei Mrs Cartwright glimpflich davon, weil sie von deren Schwäche weiß.	○	○	○	....
d)	Zia wundert sich, dass Sam bei der Probe für »Böses Mädchen« plötzlich so hoch singt.	○	○	○	....
e)	Mrs Cartwright spielt mit dem Gedanken, Sam nicht bei der Show auftreten zu lassen.	○	○	○	....
f)	Sam rät Jake, seinen Vater zur Talentshow einzuladen.	○	○	○	....
g)	Sam spielt Tyrones Freundin, um Mark zu schocken.	○	○	○	....
h)	Ottoleen ist wahrscheinlich schwanger.	○	○	○	....
i)	Sam erzählt Zia die Wahrheit über den Rollentausch. Zia ist glückselig.	○	○	○	....

2. Wir als Leser/innen wissen oft mehr als die einzelnen Figuren. Auch dadurch wird das Buch komisch. Erkläre die Komik folgender Textstellen mit eigenen Worten.

a) »In so einem Land sollte mein Sohn nicht aufwachsen.« (S. 224)

___

b) »Zum Glück habe ich eine recht schöne Stimme ...« (S. 227)

___

3. Der Tag ist für Zia so etwas wie eine Achterbahn. Erstelle ein Gefühlsbarometer Zias und ergänze Schlagworte aus dem Text. **Beachte:** Es gibt nicht auf jeder Seite einen Hinweis darauf, wie Zia sich gerade fühlt.

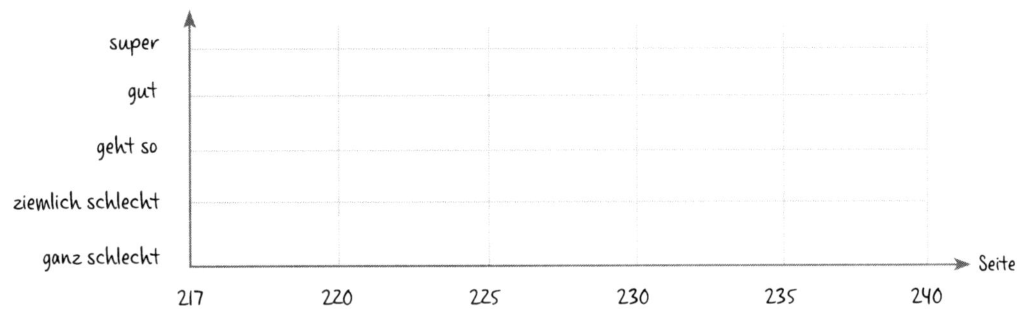

»Böser Junge ist mein Name«

Gestaltet entweder das ganze Kapitel oder nur einzelne Szenen als Comic oder Fotoroman. Einen guten Comic oder Fotoroman herzustellen ist nicht ganz einfach. Am besten, ihr geht in ganz bestimmten Schritten vor:

Im Abschlusskapitel gibt Sam seine wahre Identität vor allen preis …

1. Überlegt, wie viele Bilder ihr braucht. Am besten, ihr legt ein »Storyboard« an, also eine Tabelle, in der ihr euch zu den einzelnen Bildern Notizen zu Bild und Text macht. Hier können schon Ideen für Sprech- oder Gedankenblasen oder auch für die Erläuterungstexte unter dem Bild stehen. Hilfreich ist auch, sich hier zu notieren, zu welchem Textabschnitt die jeweiligen Bilder passen.

Bild Nr.	Text-abschnitt	Was ist zu sehen?	Untertext	Was wird gesprochen?	Was wird gedacht?	Sonstiges

Tipp

Noch ein paar Tipps:

- Euer Comic/Fotoroman wird abwechslungsreicher, wenn ihr die »Einstellung« ändert. Die Filmanalyse kennt folgende Einstellungsgrößen: Detail (extreme close-up), Großaufnahme (close-up), Nahaufnahme (close shot), Amerikanische Einstellung (medium shot), Halbnahaufnahme (full shot), Halbtotale (medium long shot), Totale (long shot), Weitaufnahme/Panoramaeinstellung (extreme long shot).
- Es wirkt auch gut, wenn ihr die Einstellungsperspektive (camera angle) abwechselt: Untersicht (Froschperspektive), Normalsicht, Aufsicht (Vogelperspektive).
- Überlegt euch genau, wie ihr den Höhepunkt eurer Szene mit Bildmitteln gestaltet, zum Beispiel mit Bausteinen der Comicsprache (z. B. »knirsch«, »schlurf«, »schluchz«).
- Oft macht es einen großen Unterschied, ob das Bild im Quer- oder Hochformat oder in einem anderen Format steht.
- Überlegt euch einen passenden Titel für euren Comic bzw. Fotoroman.

2. Die einzelnen Bilder des Comics zeichnet ihr am besten auf ein DIN-A5-Blatt. Die einzelnen Fotos entwickelt ihr am besten im Format 11 x 18 cm oder größer. Wenn es am Schluss nötig ist, könnt ihr die einzelnen Bildseiten dann noch verkleinern.

3. Die fertigen Bilder klebt ihr in der richtigen Reihenfolge auf ein Plakat oder fotokopiert sie und macht daraus ein kleines Heft.

4. Sprecht in der Klasse über eure Comics bzw. Fotoromane. Was ist besonders gut gelungen?

»Lebe dein Leben« (1)

Jetzt hast du den ganzen Roman gelesen. Bearbeite zum Schluss eine der folgenden Schreibaufgaben (1.–5.).

Eine **Rezension** (von lat. *recensio* = Musterung, zu *recensere*) ist eine kritische Besprechung eines Buches. In einer Rezension beurteilt man also ein Buch. Man schreibt, um was es darin geht und ob man das Buch gut oder schlecht findet. Natürlich muss man auch begründen, warum man so denkt. Wenn in einer Rezension fast nur oder ausschließlich negative Urteile zum Buch stehen, nennt man das einen »Verriss«. Buchrezensionen findet man in Zeitungen, Zeitschriften, im Fernsehen, Radio oder auch im Internet, z. B. bei Online-Buchhandlungen. Eine Rezension besteht oft aus folgenden Bausteinen:

- zusammenfassende Überschrift
- Titel und Autor/in des Buches
- Zielgruppe (u. a. Altersangabe des Verlags) und Art des Buches (z. B. historischer Abenteuerroman)
- die wichtigsten Themen und Handlungsaspekte
- grobe Inhaltsangabe
- weitere inhaltliche oder stilistische Besonderheiten des Buches
- positive und gegebenenfalls negative Urteile über das Buch und Begründungen dazu
- Gesamturteil oder Resümee (z. B. Weiterempfehlung)

1. Erstelle zum Buch eine eigene Rezension. Am besten gehst du so vor:

a) Sammle andere Rezensionen zu »Boy2Girl« (z. B. im Internet) oder zu anderen Jugendromanen, die du kennst, und lies sie aufmerksam durch.

b) Lege in deinem Heft oder Lesetagebuch eine Stichwortsammlung an, z. B. tabellarisch:

Inhalt	Positive Aspekte	Negative Aspekte

c) Schreibe zu den folgenden Leitfragen deine persönlichen Antworten:

- Hat mir das Buch gefallen oder nicht? Warum? Was hat mir am Buch gefallen, was nicht?
- War das Buch spannend, realistisch, langweilig, traurig, abenteuerlich, bewegend und/oder anderes? Warum?
- Kann ich das Buch meinen Freundinnen und Freunden zum Lesen empfehlen?

d) 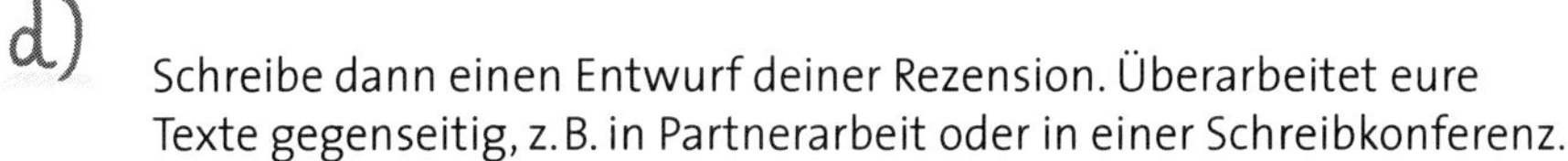
Schreibe dann einen Entwurf deiner Rezension. Überarbeitet eure Texte gegenseitig, z. B. in Partnerarbeit oder in einer Schreibkonferenz.

e) 
Veröffentlicht eure Rezensionen in eurer Klasse in Form einer Wandzeitung, in eurer Schülerzeitung und/oder im Internet bei einer bzw. mehreren Online-Buchhandlungen (z. B. *www.amazon.de* oder *www.buch.de*).

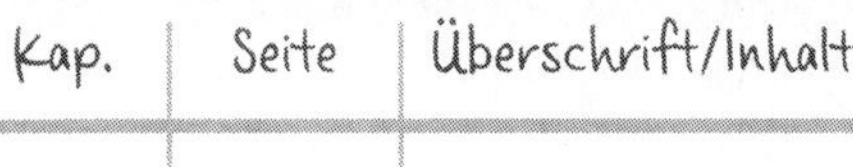»Lebe dein Leben« (2)

2. Lass Sam die ganze Geschichte erzählen. Achte darauf, dass dein Text wirklich nach Sam klingt.

> **Tipp**
> »Also, jetzt muss ich euch mal erzählen, wie ich die ganze Geschichte erlebt habe.
> Es fing damit an, dass meine Mum starb. Sie hatte nen schweren Autounfall. Das fand ich total Scheiße. Da mein Vater im Knast war …«

3. Erstelle eine tabellarische Kapitelübersicht für Kapitel 1 bis 10 oder 11 bis 19. Zu jedem Kapitel schreibst du eine selbst ausgedachte Überschrift und fasst den Inhalt des Kapitels in einigen Sätzen zusammen.

Kap.	Seite	Überschrift/Inhalt

4. Verfasse eine Zeitungsreportage für die Regionalzeitung über Sams Geschichte. Ein möglicher Titel:

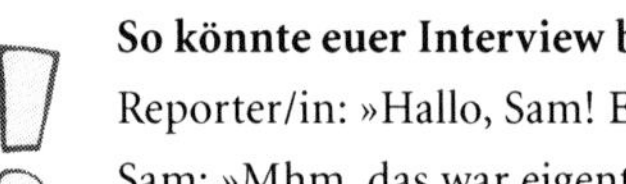

»Boy2Girl«

Junge bringt als Mädchen eine ganze Schule durcheinander

5. Führe ein Interview mit Sam oder Matthew oder einer anderen wichtigen Figur zu all dem, was im Roman passiert.

> **Tipp**
> **So könnte euer Interview beginnen:**
> Reporter/in: »Hallo, Sam! Erzähl doch mal, wie es eigentlich kam, dass du nach London kamst.«
> Sam: »Mhm, das war eigentlich sehr traurig. Meine Mum starb an einem Autounfall.«
> Reporter/in: »Oh, das tut mir leid …«
> Sam: »Schon gut. Und da mein Dad, Crash Lopez, wieder mal im Knast saß, hat meine Mum per Testament oder so ähnlich bestimmt, dass ich bei meiner Tante in London bleiben soll.«
> Reporter/in: »Und wie war'n die ersten Tage so?«
> Sam: »Schwierig! Für beide Seiten! Ich fand alles ätzend, und die Burtons, vor allem mein Cousin Matthew fand mich, glaub ich, zuerst auch zum Kotzen. Wahrscheinlich hatte er recht …«

Tipp

Stichwörter, die in deinem Text (Aufgabe 1.-4.) vorkommen können:

Matthews Cousin aus Amerika • Sams Mutter gestorben • Burtons mit vertauschten Rollen • Prügelei in Bills Imbiss • Jake beleidigt Sams Vater • Mutprobe, um wieder in die Bunkerbande zu kommen • eine Woche als Mädchen • Bunkerbande • Zicken • alte Dame im Park • Schulversammlung • geltungssüchtige Rektorin • Sam verändert Verhalten der Mädchen • Jungenuhr • Prügelei in Bills Imbiss • ins falsche Klo • Menstruation • Mrs Burton ertappt ihren Sohn mit »Simone« • Bills Mitleid mit Sam • Date mit Mark Kramer • BH von Elena • Erbe: 2 Millionen Dollar • Band 666 • Crash Knastbruder • Crash macht Sam ausfindig • Crash zu Besuch bei den Burtons • Sam muss Freundin von Matthew und Tyrone spielen • Musik mit Zia • Fußball-Randale • Zia verliebt in Sam • Talentshow • auf der Bühne • Sam outet sich als Junge • Gespräch bei Rektorin • Ottoleen schwanger • Sam bleibt bei den Burtons • Matthew weint fast vor Rührung und Freude